万物有道理

—— 图解万物百科全书 ——

[西班牙] SOL90公司 著　周玮琪 译

地球和宇宙

北京理工大学出版社

目录

地球和宇宙

我们的宇宙	3
大爆炸	5
恒星的一生	7
星系	9
太阳系	11
太阳	13
地球	15
地球运动	17
月球	19

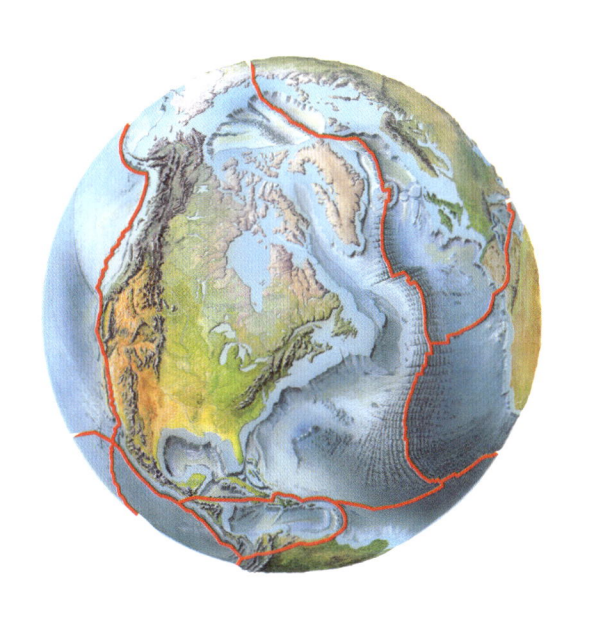

最初的地球	21
地球结构	23
大陆	25
海与洋	27
大气层	29
气候	31
气候变化	33

地球和宇宙

宇宙浩瀚无垠，散布着数十亿个星系，而每一个星系里，都有着数十亿颗恒星，它们或独立、或抱团，吸引着更多的天体围绕旋转。我们生活的地球，就运行在环绕恒星太阳的轨道上。虽然迄今为止，还没有发现其他存在生命迹象的星球，但科学探索漫漫修远，有无尽的可能，等待我们去发现。

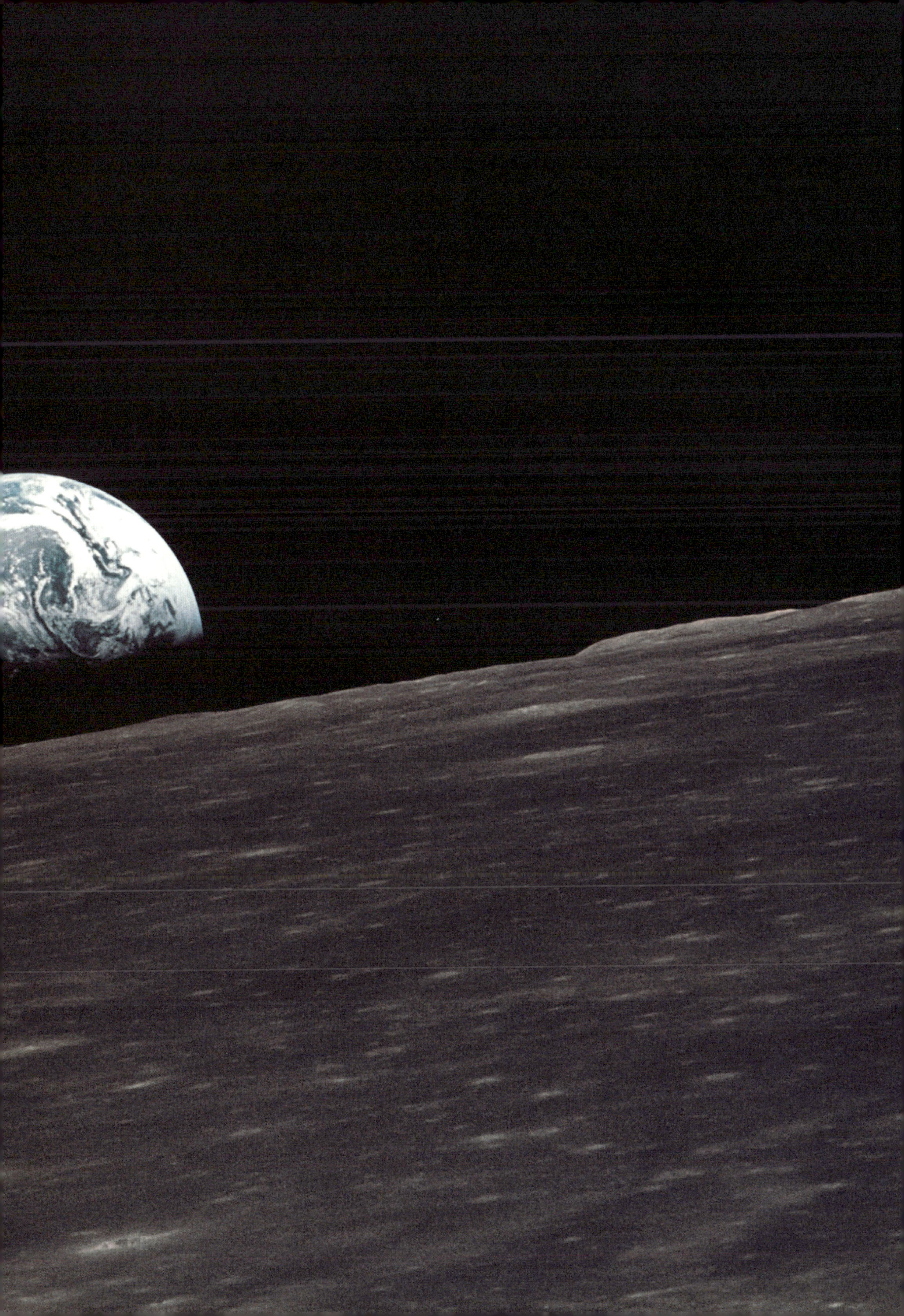

我们的宇宙

所有存在的物质、能量、空间和时间,汇聚成了茫茫宇宙,一直延伸向无尽的远方。在宇宙里,除了肉眼可见的星系、恒星、行星、星云和彗星,还有暗物质等我们看不见的东西。宇宙神秘而未知,人类所取得的科学成就不过沧海一粟,前方仍然是永无止境的探索和发现。

恒星
恒星由发光的等离子体构成,不断散发着光和热。最热的恒星呈现蓝白色,而最冷的恒星可能是橙色、黄色或红色。

行星
行星是球状的天体,它们环绕恒星运行,本身不会发光。

4 000
肉眼可见的恒星数。

光年
光年是一个长度单位,而不是时间单位,它等于光在一年中所经过的距离。光年用来测量恒星、行星、卫星和宇宙中其他物体之间的距离。

卫星
卫星环绕行星运行,它们不会发光。一颗行星可能拥有许多卫星。

1光年 ≈ 9 461 000 000 000千米

我们的宇宙

暗物质
在所有已知的太空物质里，一种我们看不见的奇怪物质占据了大部分，科学家称之为暗物质。宇宙中暗物质的数量远远超过了可见物质，但我们仍对它不甚了解。

星云
恒星死亡后，留下的气体和尘埃形成了星云，它们仍然可以发出耀眼的光。有时，这些云会孕育新的恒星。

地球是太阳系的一颗行星，后者则属于银河系。夜空中，我们能看到的所有恒星，其实都只是银河系的一部分。

星系
在引力的作用下，恒星、行星、气体和尘埃聚集成群，形成了星系。宇宙中存在着数十亿个星系，而银河系只是其中之一。比银河系壮阔的星系比比皆是，其中最大的甚至拥有多达100万亿颗恒星。

大爆炸

多年来，大部分科学家都相信，宇宙可能是无限的，它没有起点，也没有终点。关于宇宙的起源，最流行的观点是它发端于137亿年前的一次爆炸，这被称为大爆炸理论。

是什么引发了大爆炸？

时至今日，人类仍无法完全理解其中原因，因此至今仍遗留成谜。

变化

自大爆炸以来，宇宙无时无刻不在发生变化。最初的那些星系，可能已在这漫长过程中湮灭，而我们如今所见的天体，或衰老或新生，也终有消失的一日。

1 起始

在时空诞生之初，宇宙的体积很小，温度很高，密度极大。

2 爆炸

在大爆炸后的第一个瞬间，宇宙的成长速度达到巅峰。越来越大的物质颗粒在此时形成，气团也随之出现了。

最佳理论

目前为止，大多数科学家都认为，大爆炸理论是对宇宙起源的最佳解释。20世纪40年代，科学先驱们第一次提出了这个理论，其中包括天文学家乔治·伽莫夫。该理论问世后，在长达数年的时间里，一直饱受争议。

理论

理论是在一定证据的基础上，对自然事件作出的解释。我们永远不能完全证明某种理论，但可以收集更多的证据来予以支持，使之成为对该事件的最佳解释。

3 星系

在大爆炸后的10亿年中，第一批星系形成，它们各自汇聚了尘埃、气体、行星和数十亿颗恒星。

4 太阳系

宇宙大爆炸后，大约过去了90亿年，包含地球在内的太阳系诞生了。

12 500 000 000

这是在人类可观测的范围内，大约存在的星系数量。在更遥远的未知宇宙里，可能还有更多这样的星系。

7 地球和宇宙

恒星的一生

恒星是由燃烧着的气体构成的巨大球体。虽然，夜空中的恒星看起来都是相似的光点，但它们在体积、颜色和热量上，其实有着很大的不同。大多数恒星是白色的，此外，还有橙色、红色和蓝色的恒星。在不断燃烧自己的过程中，恒星一步步走向消亡。大恒星有更多的燃料，但燃烧速度也相对更快，因此，它们的寿命大约在1 000万年，而小恒星可以存活数千亿年。

大恒星
大恒星的质量可以达到太阳的八倍甚至更多，但它们的寿命相对很短。在生命的尽头，大恒星的核心开始坍缩，引发巨大的爆炸。处在爆炸过程中的老年恒星被称为超新星，它的亮度可以媲美整个星系。

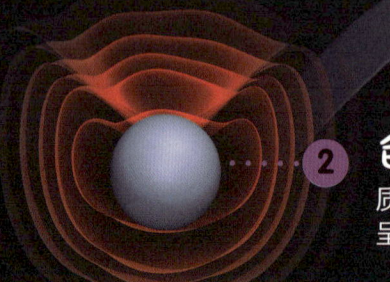

❷ 色彩
质量较大的恒星呈现蓝白色。

❸ 红巨星
在生命的尽头，所有的恒星都将变成红巨星，体积增大，温度下降。

❶ 恒星的诞生
在引力的作用下，尘埃和气体形成了星云。随后，物质继续凝结，温度持续升高，一颗初生的恒星开始散射光芒。

❷ 色彩
质量较小的恒星温度较低，因此呈现出淡红色。小恒星又被称为红矮星，是宇宙中最常见的一类恒星。

小恒星
虽然质量较小，这些恒星的寿命比大多数大质量恒星要长得多。几十亿年后，它们才会变成红巨星。

恒星的一生 8

5 黑洞
质量过大的巨型恒星爆炸后，会形成巨大的黑洞。黑洞是一种空间区域，具有极强的引力，甚至连光也无法从中脱逃。

4 超新星
处于生命末期的恒星不断坍缩，有时会引发剧烈的恒星爆炸，这种现象被称作超新星。

5 中子星
超新星爆发后，可能会留下一个体积小但密度大的天体，称为中子星。

4 600 000 000 年
这是太阳的年龄。

3 红巨星
虽然质量较小，但小恒星和其他恒星一样，也会变成红巨星。在这个阶段，它们的体积增大，温度下降。

4 星云
在小恒星的生命末期，靠近恒星表面的气体开始漂移，形成一种星云，我们称之为行星状星云。

5 白矮星
小恒星外层的气体脱离星球表面后，会留下一种名叫作白矮星的天体。在最终熄灭之前，白矮星会发出明亮的白色光芒。无法从中脱逃。

星系

移动的恒星、行星、气体与尘埃，在引力的作用下聚集在一起，就形成了一个星系。已知的第一批星系是在大爆炸发生2亿年后形成的。

恒星
星系所包含的恒星数量众多，需要以十亿为单位计量。其中，大部分恒星都聚集在星系的中心区域。

星系是唯一的吗
自发现以来，人类一直认为银河系是唯一的星系。这一观点直到20世纪初才被打破。

引力
宇宙中，任意两个物体之间都存在引力，双方试图通过这种力量，将对方拉向自己身边。物体越大、相互间距离越近，引力就越强。星系就是在引力的作用下形成的。

银河系
银河系是一个螺旋星系，地球位于它的一支旋臂上。银河系里有数十亿颗恒星，而我们在夜空里看到的恒星还只是银河系中的一小部分。

星系 10

各种各样的星系

椭圆星系
椭圆星系都呈球状，主要由旧恒星组成，灰尘或气体的含量很少。

螺旋星系
螺旋星系由新旧恒星共同组成，顾名思义，它们都呈螺旋状，像缓慢转动的风车。

不规则星系
没有规则形状的星系就是不规则星系，它们包含了许多新恒星。

气体和尘埃
星系里充满了气体和尘埃。

星系碰撞
有时两个螺旋星系会互相碰撞，并随着时间的推移，合并形成一个不规则星系。

超过 100 000 000 000 颗
这是银河系的恒星数量。

太阳系

太阳是距离地球最近的恒星，包括地球在内的八颗行星围绕太阳运行，还有许多较小的天体也有自己的绕日轨道，例如矮行星、小行星和彗星。太阳系是太阳和围绕它运行的所有天体的总称。

环
土星环由环绕土星运行的粒子组成。

气态巨行星
木星、土星、天王星和海王星又被称为外行星或气态巨行星，它们都是以气体为主要成分的巨大球体，表面极度寒冷。

海王星　天王星　土星

年
行星沿着各自的轨道，绕太阳运行一圈，这段时间就是行星上的一年。距离太阳越远的行星，它的一年就越长。

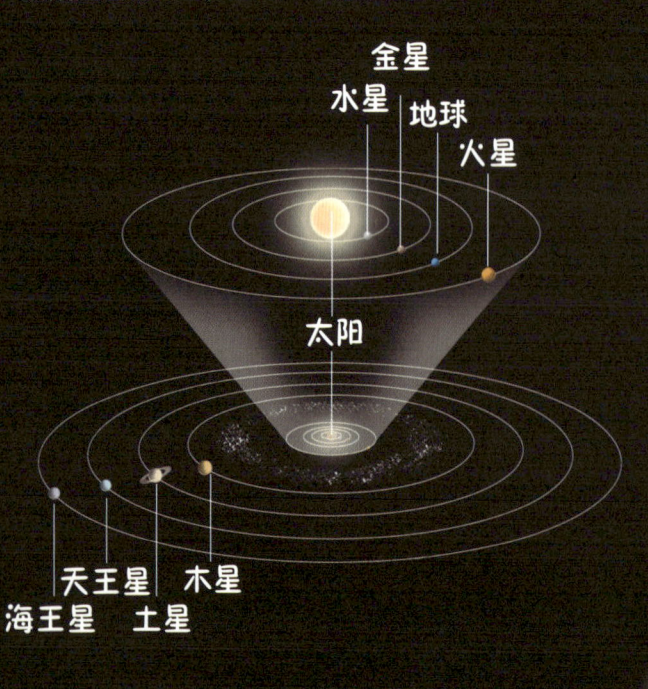

金星
水星　地球
　　　　火星

太阳

卫星
众多卫星沿各自的轨道环绕外行星运行。土星和木星各有60多颗这样的卫星。

海王星　天王星　木星
　　　　土星

太阳系 12

150 000 000 千米
这是太阳到地球的距离。

小行星带
在太阳系里，数百万块石质小行星集中在这个区域。

日
每个行星内部都有一个无形的轴，在围绕太阳运行的同时，它们以这个轴为中心进行自转。自转一次所需的时间就是这颗行星上的一日。

木星

火星
地球
金星
水星
太阳

月球

岩质行星
在太阳和小行星带之间，运行着四颗较小的岩质行星。其中，火星、金星和地球都被大气层包裹，水星和金星表面温度极高，而火星表面比地球更寒冷。

最大的行星
在太阳系八大行星中，木星是最大的，它的体积是地球的1000多倍。

太阳

太阳是一颗中型恒星，也是太阳系里唯一的恒星。它形成于45亿年前，用光和热为地球营造了孕育生命的环境。如今，太阳还有大约50亿年的寿命。

8.5 分钟
这是光从太阳表面传播到地球所需的大致时间。

发光的气体
太阳主要由90%的氢和10%的氦构成。正是这两种炙热的气体使太阳发光。

日核
太阳的核心温度高达1 500万摄氏度。

辐射层
来自日核的能量通过这个区域向外辐射。

对流层
到达对流层的能量被带到太阳表面。

光球
我们所能看到的太阳，其实只是太阳的光球部分，它由太阳表面和大气构成，温度约为6 000摄氏度。

真实档案

代表符号	☉
与地A球的距离	1.499亿千米
直径	1 392 000 千米
表面温度	6 000 摄氏度

太阳 14

日食
月球恰好运行至太阳和地球之间，就会引发日食现象，而此时的地球会出现持续数分钟的黑暗。

太阳风
太阳不断向各个方向发射粒子，形成持续的"风"。在地球附近，太阳风的速度为每秒450千米，从而引发极光和磁暴等天气现象。

日冕
太阳大气的最外层延伸数百万千米进入太空，被称为日冕，温度约为200万摄氏度。

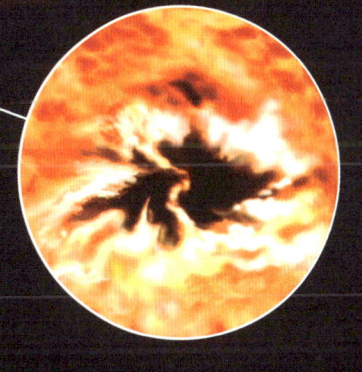

太阳黑子
太阳黑子是太阳表面较暗的区域，该区域内的气体相对较冷。

太阳耀斑
耀斑是在太阳表面产生的极其剧烈的爆炸，在短时间内向太空释放大量能量。

地球

地球是太阳系八大行星之一，按离太阳由近及远的次序排为第三。作为最大的岩石行星，地球被称为蓝色星球，这是因为它三分之二的表面都被海水覆盖，自然呈现出海洋的主色调。至今为止，地球仍然是已知唯一一颗表面存在液态水的行星。

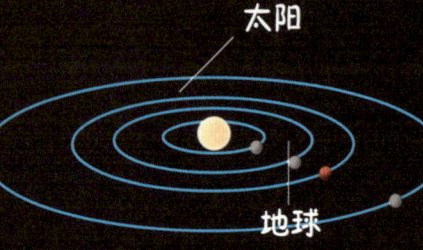

太阳

地球

生命
地球仍然是已知唯一拥有生命物种的星球。地表的液态水、适宜的温度和保护性的大气层提供了孕育生命的条件。地球上的水以气态、液态和固态同时存在，这在已知行星中也是独一无二的。

固态水
零摄氏度时，水开始凝固成冰。在地球上最寒冷的两极，水是冻结的固体。

液态水
大部分的地球表面都被以咸水为主的液态水所覆盖。

气态水
空气中的水以水蒸气的形态存在，当它们再次凝结成液态时，就形成了云。

水
当空气中的水蒸气重新凝结成液态，就形成了云。

大气
大气由多种气体混合而成，其中含量最高的是氮气和氧气。

人类在燃烧煤炭、石油和天然气的同时，也将有害的化学物质排放到了大气中。

南极

北极

地轴

地轴是无形的，又称地球自转轴。顾名思义，地球围绕它实现自转。

结构

我们将地球分为不同的层。最外层是大气，混合着各种气体，下面一层则是地表，大部分被水覆盖。其实，地球的表面是一层薄而坚固的外壳，而在地壳之下还有地幔和坚固的地核。

地幔

大气

地核

地壳

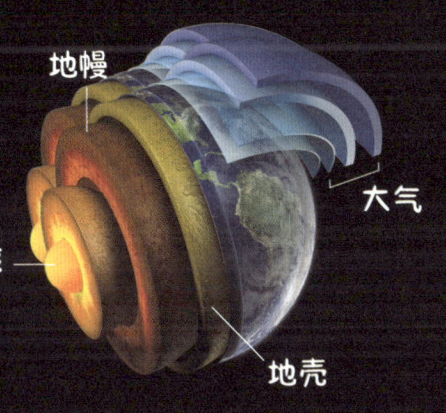

真实档案

代表符号	⊕
与太阳的距离	1.499亿千米
直径	12 756 千米
平均温度	15 摄氏度
卫星数量	1

3%

这是地球表面水源中，淡水所占的百分比。

引力

地心引力仿佛一条纽带，将我们维系在地球表面。我们所承受的地心引力又称为重力，正因如此，人类可以感受到自身的重量。行星的引力强弱取决于它的大小，因此，在其他行星或是月球等卫星上，我们的自重会发生变化。例如，在同一个人身上，可能会获得以下数据：

在地球上自重70千克

在月球上自重是地球的1/6

在木星上自重是地球的2.5倍

地球运动

太阳系中的所有行星，在围绕太阳进行公转的同时，也进行自转，地球也不例外。地球的公转和自转造成了昼夜的差异和季节的更替。

23°26′
这是地球倾斜的角度，它的参照面是地球的公转平面。

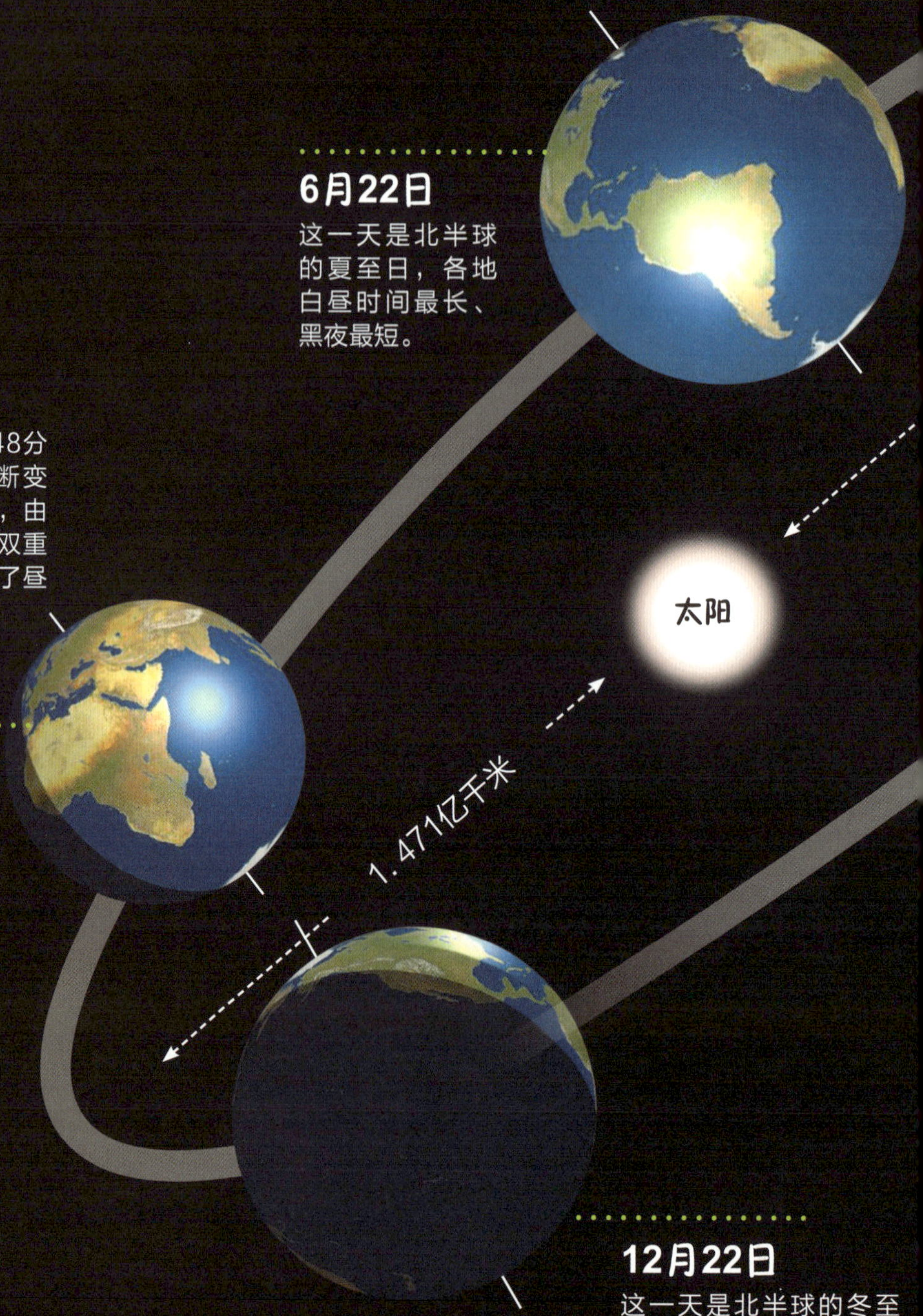

6月22日
这一天是北半球的夏至日，各地白昼时间最长、黑夜最短。

年公转
地球绕太阳公转需要365天5小时48分钟。地表各区域与太阳的距离不断变化，产生了一年四季的更迭。同时，由于地轴是倾斜的，在公转与自转的双重影响下，地球上的不同区域，出现了昼夜长短的变化。

太阳

1.471亿千米

9月23日
这一天是北半球的秋分，昼夜时间等长，都是12小时。

地轴

日自转
地球时刻不停地绕着地轴自转，导致了白天和黑夜的交替，同时自传使地球的两极稍显扁平，从而引发了洋流现象。

12月22日
这一天是北半球的冬至日，各地白昼时间最短、黑夜最长。

地球运动 18

3月21日
这一天是北半球的春分日，昼夜时间等长。

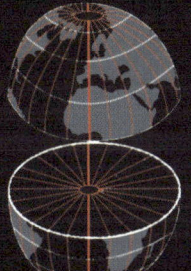

1.521亿千米

半球
地球被分成北半球和南半球两部分，而赤道是分隔两个半球的假想线。当北半球为夏季时，南半球则为冬季。

北半球
赤道
南半球

闰年
闰年每四年一次，2月有29天。
四年一闰，百年不闰，四百年再闰

时差
长途飞行会导致时差反应。这是因为时区的变化打乱了我们身体的自然节奏。

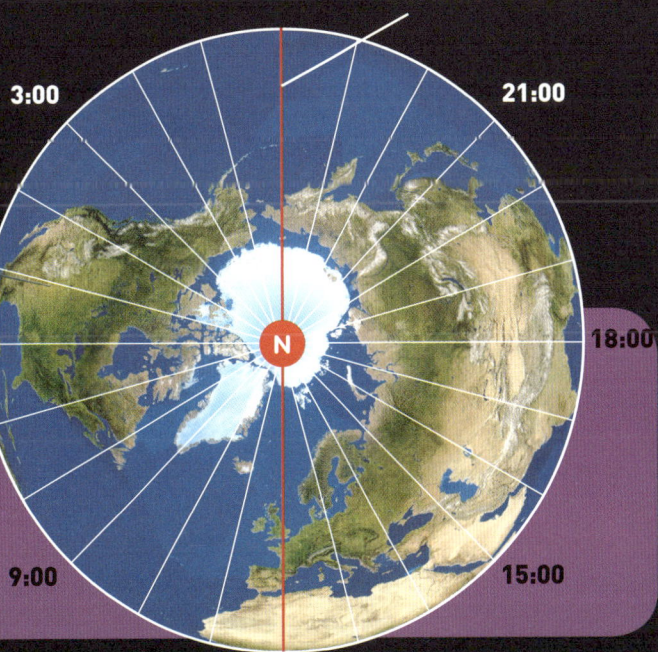

24时　格林威治子午线
3:00　21:00
6:00　18:00
9:00　15:00
12时

时区
人类用假设出来的经线连接南北两极，以格林威治子午线为中心，将地球表面分成24个不同的时区。每个时区的时间都与相邻时区相差一小时。

月球

月球是地球唯一的天然卫星，绕着地球公转，并且总是以同一面朝向地球。月有阴晴圆缺，则取决于它反射到地球上的太阳光。

在神话和幻想故事里，满月那明亮的光可能会引发怪事和异象。

公转轨道

在沿公转轨道绕行地球一圈的同时，月球恰好进行了一次自转。正因为月球公转和自转的周期相同，我们只能看到它的同一面。

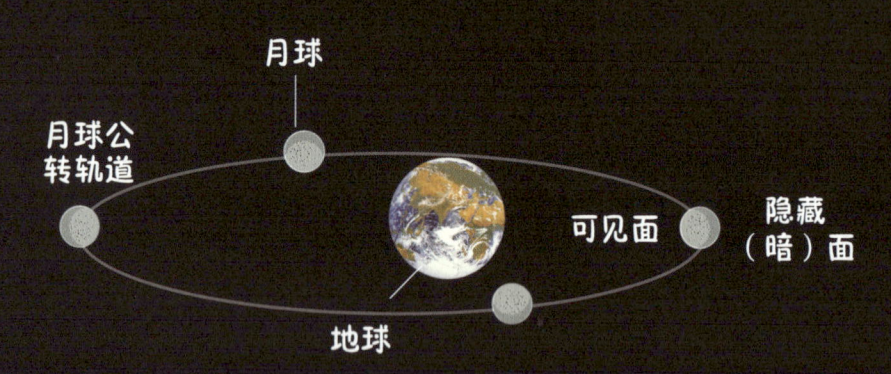

月球公转轨道　月球　可见面　隐藏（暗）面　地球

环形山

环形山是小行星和彗星撞击后留下的陨石坑，月球表面布满了这样的环形山。

潮汐

在月球引力的作用下，地球海洋产生了潮汐现象。位于月球正下方的海水受到的吸引最强，局部水面上升形成涨潮。而在地球的另一面，海水受到的月球引力最小，出现落潮。在地球上的涨潮大约每12小时发生一次。

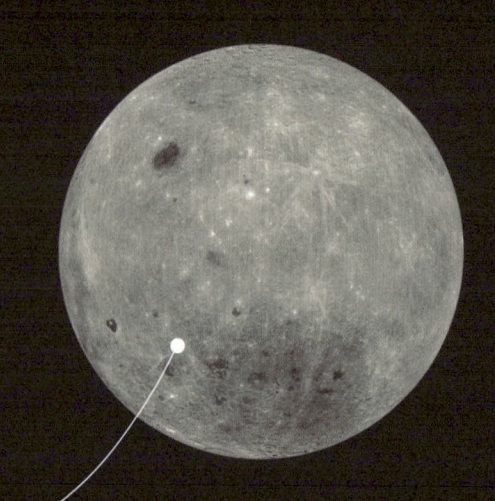

月海

月海是月球上的黑暗区域，虽然名为"海"，但其实都是干涸的。

暗面

从地球上看不到月球的暗面。这张照片是俄罗斯的太空探测器在1959年拍摄的，也是第一张月球暗面照片。

27.32 天 是月球绕地球公转一圈的时间。

月球 20

月核
月球可能有一个坚实的核心,但这一猜测还没有被证实。

月幔
月幔是岩石层,厚度大约有1000千米。

真实档案

代表符号	☾
与地球距离	384 400千米
直径	3 476千米
温度	白天 100摄氏度 夜间 -100摄氏度

月相
肉眼所见的月球形状,随着月球公转而发生变化。当地球恰好运行到月球和太阳之间时,满月就出现了。当月球运行到地球和太阳之间,月面完全被遮掩,而这也意味着新月的初生。

新月　上蛾眉月　上弦月　盈凸月　满月　亏凸月　下弦月　下蛾眉月

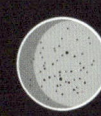

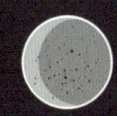

最初的地球

地球和太阳系其他行星的历史，最早可以追溯到46亿年前。起初，地球就是一个燃烧着的巨大石球，没有水和大气，但在此后的数百万年里，这里的环境逐渐发生了变化。地壳、大气、海洋、大陆依次成型，最后逐渐演变成我们熟悉的地球。

1 形成
地球诞生于巨大的气体和尘埃团。

2 冷却
地球表面逐渐冷却，形成干燥的外壳。

10 山脉
阿尔卑斯山脉、安第斯山脉、喜马拉雅山脉等很高的山脉，在大约6 000万年前开始成形。

9 第一块大陆
18亿年前，地球上出现了陆地，随着面积的不断扩大，逐渐分裂成了我们熟知的大陆。

46亿
这是地球上最古老的岩石的年龄。

最初的地球 22

当大气层和液态水出现后，地球上的第一个生命体开始进化。

3 小行星和彗星撞击
此时，地球还没有大气层的保护，经常有小行星和彗星撞击地表。

4 超级火山
燃烧的物质在地壳中爆炸，并以巨型火山的形式向外喷发。

5 大气
在地球周围，火山喷发出的气体形成了大气层。

6 第一场雨
火山喷发形成的水蒸气，在大气中凝结成云。

8 海洋
地壳冷却后，液态水在地表积聚，最终形成海洋。

7 第一次冰河时期
大约24亿年前，地球已经冷却，地表被冻结。

地球结构

地表之下别有洞天。我们生活的岩石层，只是地球一层薄薄的外壳。地壳之下是由固态和液态岩石组成的地幔，地壳中心是呈热金属状态的地核。整个地球被一层混合气体包裹，这就是我们通常说的大气层。

人类可以探索多深？
地表和地核的距离大约有6 000千米。迄今为止，我们只能探索到地表以下12千米的区域。

珠穆朗玛峰 8 848.86 千米
陆上钻探 12千米
海底钻探 1.7千米

6 000 摄氏度
这是地球中心的温度。

大气层厚度 1 000千米
地球半径 6 370千米

地壳
岩石外层厚达50~70千米。

上地幔
外地幔的运动引发了地震和火山爆发。

下地幔
地幔由各种矿物构成，温度都在1 000摄氏度以上。

离地心越近的区域，地球的温度就越高。

外核
地球外核由熔化的铁和镍构成。

地球结构 **24**

大气层

大气层是多种气体的混合物，其中含量最高的是氮气和氧气。根据距离地表高度的不同，大气中的气体量也会随之发生变化，进而划分成不同的层。大气为我们提供了赖以呼吸的气体，并保护我们免受太阳有害射线的伤害。

太阳辐射 → ← **太阳辐射**

没有大气层
没有辐射和热量，就无生命可言。

大气层
过滤太阳光并散发其热量。

- 外大气层
- 电离层
- 中间层
- 平流层
- 对流层

内核

地球内核由固态的铁和镍构成。

水圈

水圈是地球上的液态部分，包括海洋、湖泊、河流、地下水和大气中的水。地球表面三分之二以上的面积被水覆盖。

陆地还是海洋？
29% 陆地　71% 水

水资源总量
97% 咸水　3% 淡水

淡水
2.15% 地下水
0.85% 冰
0.01% 分散在地表和大气中

大陆

构造板块在半液态的地幔顶部漂浮，像拼图一样组成了地壳。数百万年前，板块运动形成了大陆，如今，大陆仍然在不停移动着。

① 2.9亿年前
第一块被水包围着的陆地出现了，这就是泛大陆。

泛大陆

② 2.5亿年前
特提斯海逐渐将泛大陆划分成为两个次大陆：劳亚古陆和冈瓦纳古陆。后来，这两块大陆再次联合，形成了超级大陆。

劳亚古陆（北方大陆）
冈瓦纳古陆（南方大陆）

大陆漂移
大陆板块不断地缓慢运动，这一过程叫做大陆漂移。

1~10 厘米
板块每年移动的距离为1~10厘米。

热熔岩（岩浆）从地球中心涌起，冷却的岩浆下沉。这种运动产生了巨大的力量，促使板块移动。

3 2亿年前

北美洲板块和南极洲板块分离。非洲和南美洲分裂，形成了大西洋。

4 6000万年前

当时大陆的形状已经和现如今的形状很相似了。印度洋板块与亚欧板块碰撞，形成了喜马拉雅山脉。

劳亚古陆（北方大陆）

非洲

南极洲

亚欧板块

非洲

印度洋板块

南美洲板块

南极

2.5亿年后

各大洲将再次结合在一起。

构造板块

地壳由七个大的板块和一些较小的板块构成。在某些地方，板块相互碰撞或分离，导致地壳发生形变，进而引发地震和火山爆发。

海与洋

在过去的40亿年里,大部分地球都被海水覆盖,包括大而深的洋和小而浅的海。波涛之下,有巨大的海底山脉和极深的海沟。

四大洋

地理学家将覆盖地表的广阔水域分成了四个大洋:北冰洋、大西洋、印度洋和太平洋。太平洋是最大的。

几种类型的海

	**内陆海**	完全被陆地包围的海,例如里海。
	**边缘海**	沿大陆海岸线的浅海区域,例如阿根廷海。
	**陆间海**	陆地之间的海域,由一条通道与大洋相连,例如地中海。

水压

在海洋中,水压随着深度增加而加大,人类只有乘坐特殊的潜艇,才能潜入更深的海底。

35 克

这是海洋里每千克水中的含盐量。

洋流

大量或冰冷或温暖的海水，环绕地球表面流动，就形成了洋流。

海水的颜色

水是清澈的，但我们看到的海水，往往呈现蓝色或绿色。这是因为阳光在照射水面时发生了色散，被分解为彩虹一般的七色光，其中，蓝色、绿色等光线不容易被海水吸收，因此大量反射进入我们的眼中，形成了相应的色彩。

海底山脉

是岩浆从海底地壳喷涌出来形成的。

深海平原

在海面以下4 000多米深处的平原。

海沟

两个板块交汇后，其中一个板块被拖到另一个的下方，在它们重叠的区域形成了V形山谷，也就是海沟。最深的马里亚纳海沟深达10 909米。

大气层

大气层是指包裹着地球的一层空气，它为人类提供了呼吸必要的氧气，并保护人类免受太阳有害射线的伤害。从理论上我们可以对大气进行分层，每一层混合着不同的气体，但只有最接近地面的那一层才能维持地球上的生命。

辐射

只有51%的太阳辐射能够到达地表，其余的都被大气层吸收或反射回太空。

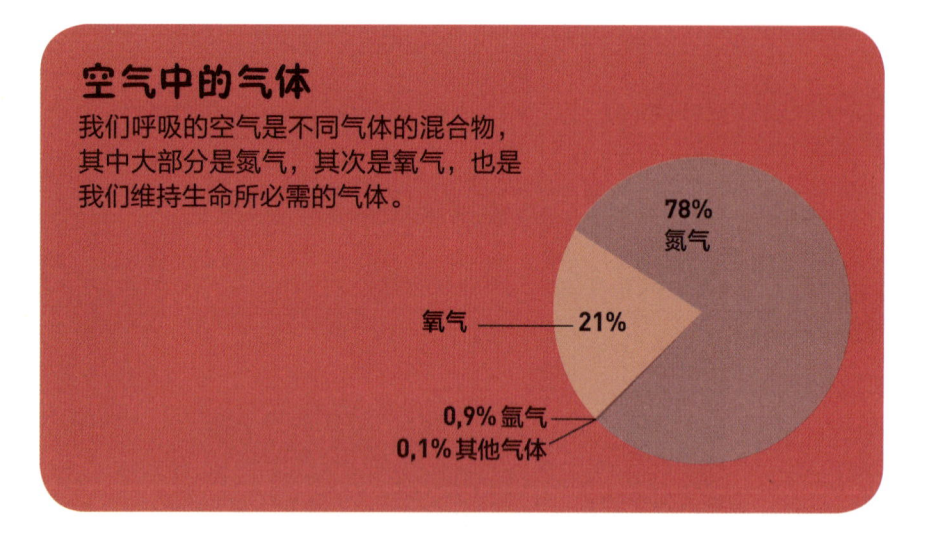

空气中的气体

我们呼吸的空气是不同气体的混合物，其中大部分是氮气，其次是氧气，也是我们维持生命所必需的气体。

- 78% 氮气
- 21% 氧气
- 0,9% 氩气
- 0,1% 其他气体

电离层

在这个高度，空气非常稀薄，温度高达1 500摄氏度。

极光

来自太空的带电粒子与大气中的气体原子碰撞，产生了极光现象。

温室效应

许多到达地球的太阳光被反射回太空，但大气中的一些气体可以阻止阳光中的热量一起返回，这就是常说的温室效应。该效应能使地球保持足够的温度，以维持地球上的生命生存。

-22 摄氏度

这是温室效应消失后，地球将要达到的平均温度。

飞机

飞机通常飞行在这一层。

平流层

平流层包括臭氧层，用来抵挡最危险的太阳射线，从而保护地球上的生命免受伤害。

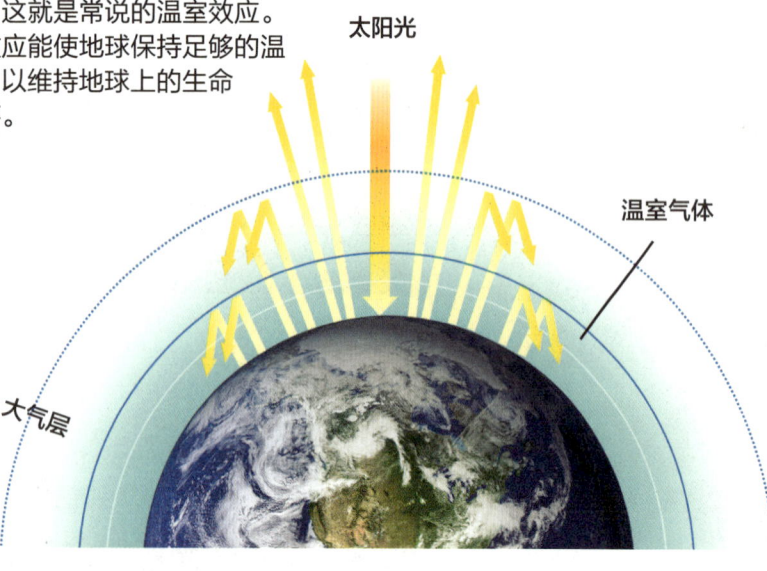

太阳光

温室气体

大气层

大气层 30

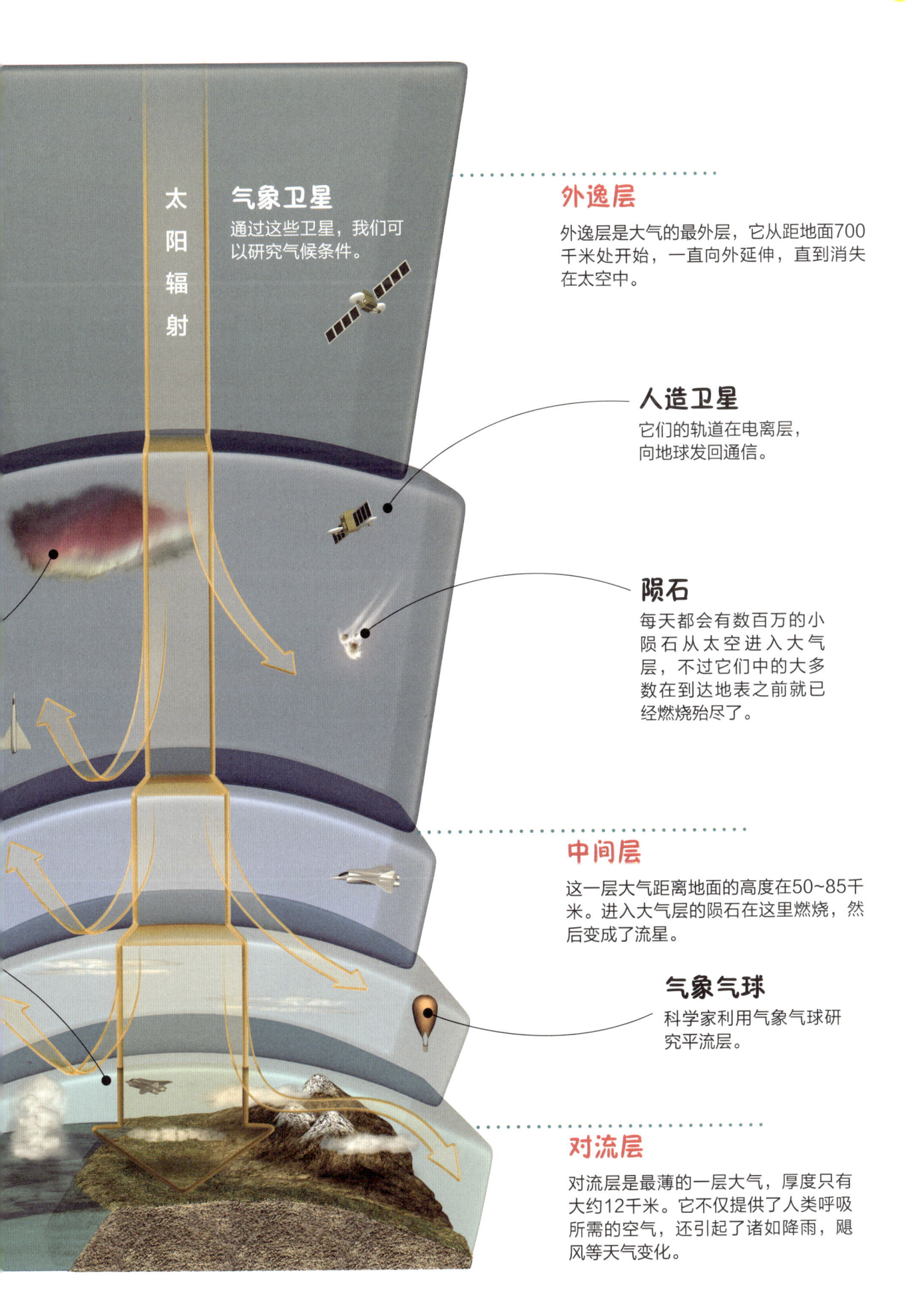

太阳辐射

气象卫星
通过这些卫星，我们可以研究气候条件。

外逸层

外逸层是大气的最外层，它从距地面700千米处开始，一直向外延伸，直到消失在太空中。

人造卫星
它们的轨道在电离层，向地球发回通信。

陨石
每天都会有数百万的小陨石从太空进入大气层，不过它们中的大多数在到达地表之前就已经燃烧殆尽了。

中间层

这一层大气距离地面的高度在50~85千米。进入大气层的陨石在这里燃烧，然后变成了流星。

气象气球
科学家利用气象气球研究平流层。

对流层

对流层是最薄的一层大气，厚度只有大约12千米。它不仅提供了人类呼吸所需的空气，还引起了诸如降雨，飓风等天气变化。

气候

因受太阳能量的影响，地球气候不断发生着变化。我们把它分成了五个子系统：大气层、生物圈、水圈、冰冻圈和岩石圈。这些子系统相互作用，相似的温度、风和雨等自然条件，造就了不同的气候区。

雨
大气中的水蒸气会凝结成云，当云层的重量增加到一定程度时，水就会以雨或雪的形式落回地面。

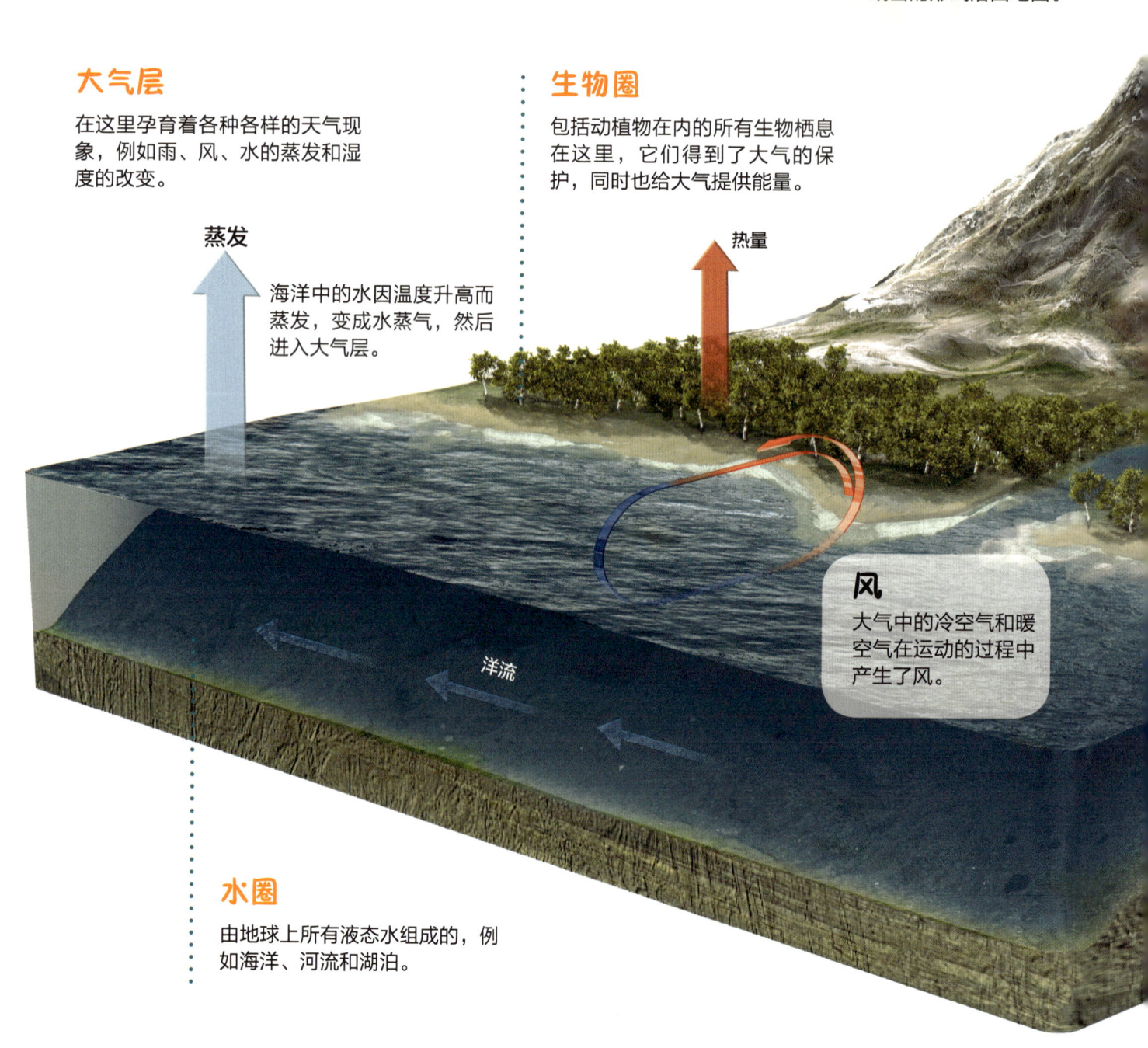

大气层
在这里孕育着各种各样的天气现象，例如雨、风、水的蒸发和湿度的改变。

生物圈
包括动植物在内的所有生物栖息在这里，它们得到了大气的保护，同时也给大气提供能量。

蒸发
海洋中的水因温度升高而蒸发，变成水蒸气，然后进入大气层。

热量

风
大气中的冷空气和暖空气在运动的过程中产生了风。

洋流

水圈
由地球上所有液态水组成的，例如海洋、河流和湖泊。

气候 32

15 摄氏度
地球表面的平均温度。

太阳
太阳提供能量，驱动各个子系统的变化。

太阳光

岩石圈
地球的外层是岩石圈，包括大陆和海洋底部，通过表面的不断变化影响着气候。

冰冻圈
在地球上，被冰层覆盖的部分，或者温度低于零度的岩石和土壤，都被称为冰冻圈。它几乎能将全部的太阳光反射回大气中。

热量

人类活动

火山
火山喷发时，将大量微粒送入大气层，阻挡了阳光，保持了地表温度。

回归大海
水渗透进入岩石圈，并流入海洋或水圈。

气候变化

近年来，地球的平均气温一直在缓慢上升，让气候也发生了变化。这就是我们所关注的全球变暖，它的主要原因是人类活动。例如，工厂和汽车在燃烧大量燃料时，二氧化碳和其他气体被排放到空气中，将更多来自太阳的热量困在大气层内，致使地球温度上升，加剧温室效应，而这些气体就被称为温室气体。

太阳活动

地球上几乎所有的能量都来自太阳。随着时间推移，当太阳的活跃程度改变时，这些能量也随之发生变化。

0.5 摄氏度

在过去的几十年里，全球平均气温上升了0.5摄氏度。

干燥或湿润

气温的升高导致了气候的变化，包括干与湿的转变。有些地区变得更加潮湿，但还有些地区会越来越干燥。很多动植物没法适应这种改变，从此失去了自己的栖息地。

二氧化碳

二氧化碳是最主要的温室气体。煤炭、石油和天然气燃烧时，就会释放大量的二氧化碳，进而加剧温室效应。植物通过光合作用吸收二氧化碳并释放氧气，但随着工业的发展，为了人类活动的需要，大量树木遭到砍伐，导致森林面积不断缩减，空气中的二氧化碳含量急剧增加。

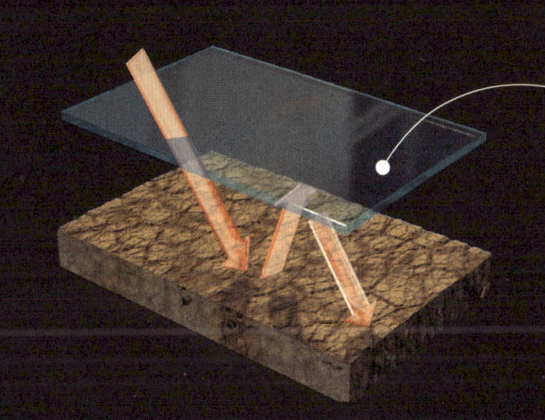

温室气体

这层混合气体吸收了地球反射的部分热量。

正在消失的冰

冰将大量的热量反射回太空，温度逐渐升高，两极的冰不断融化，导致反射能力被削弱，加速了全球变暖。

冰镜

冰面反射了大部分的能量。

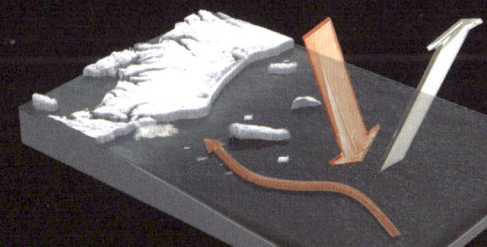

臭氧层

臭氧层能保护我们免受紫外线的伤害。但因人类活动造成的污染却让臭氧层变薄，形成了臭氧空洞。

臭氧层空洞　　臭氧层反射的光线

到达地球的光线

版权专有　侵权必究

图书在版编目（CIP）数据

万物有道理：图解万物百科全书：全5册 / 西班牙Sol90公司著；周玮琪译. —北京：北京理工大学出版社，2021.5

书名原文: ENCYCLOPEDIA OF EVERYTHING!

ISBN 978-7-5682-9478-2

Ⅰ.①万… Ⅱ.①西… ②周… Ⅲ.①科学知识—青少年读物 Ⅳ.①Z228.2

中国版本图书馆 CIP 数据核字（2021）第016021号

北京市版权局著作权合同登记号　图字：01-2020-6287

Encyclopedia about Everything is an original work of Editorial Sol90 S.L. Barcelona

@ 2019 Editorial Sol90, S.L. Barcelona

This edition in Chinese language @ 2021 granted by Editorial Sol90 in exclusively to Beijing Institute of Technology Press Co.,Ltd.

All rights reserved

www.sol90.com

The simplified Chinese translation rights arranged through Rightol Media （本书中文简体版权经由锐拓传媒取得Email:copyright@rightol.com）

出版发行 /	北京理工大学出版社有限责任公司	
社　　址 /	北京市海淀区中关村南大街5号	
邮　　编 /	100081	
电　　话 /	（010）68914775（总编室）	
	（010）82562903（教材售后服务热线）	
	（010）68948351（其他图书服务热线）	
网　　址 /	http：//www.bitpress.com.cn	
经　　销 /	全国各地新华书店	
印　　刷 /	雅迪云印（天津）科技有限公司	
开　　本 /	889毫米×1194毫米　1/16	
印　　张 /	13.5	责任编辑 / 马永祥
字　　数 /	200千字	文案编辑 / 马永祥
版　　次 /	2021年5月第1版　2021年5月第1次印刷	责任校对 / 刘亚男
定　　价 /	149.00元（全5册）	责任印制 / 施胜娟

图书出现印装质量问题，请拨打售后服务热线，本社负责调换